当一天记分员

加法运算

贺洁 薛晨 ◎ 著　　乌鹤冉 ◎ 绘

数学的
萌芽

北京科学技术出版社

　　"今天是开运动会的好日子。啦啦啦！"倒霉鼠边唱歌边为自己做早餐。咔！咔！他往锅里打了 2 个鸡蛋，想了想，又加了 1 个。今天他可要多吃点儿。

　　"我一共吃了3个鸡蛋，一定会在运动会上取得好成绩！"倒霉鼠想。

　　上学路上，倒霉鼠看到好几辆早餐车，车上有好多自己喜欢吃的：玉米、香肠、甜甜圈……

　　"嘿，可别贪吃啊，会影响比赛的！"路过的勇气鼠提醒他。

$$1 \quad + \quad 6 \quad = \quad 7$$

加数　加号　加数　　和

"好吧，我少吃一些。"倒霉鼠买了 1 根香肠。但没走多远，他返回去又买了 6 根香肠。

　　倒霉鼠的肚子圆滚滚的，这使他走路的速度有点儿慢。
当他到达体育场时，运动会已经开始了。
　　白胡子主席让倒霉鼠去足球比赛现场帮忙记分。

　　每支足球队有多少位队员呢？数清楚可不容易。但倒霉鼠有好办法，他用一根小棒代表一位队员。鼠宝贝队有5位队员，小青蛙队有5位队员，大蚂蚁队也有5位队员。

鼠宝贝队和小青蛙队的比赛开始啦！
小青蛙队上半场踢进了 4 个球，下半场踢进了 3 个球。

$$4 + 3 = 7$$

倒霉鼠很快就算了出来，小青蛙队总共得了7分。

　　鼠宝贝队上半场只踢进了 2 个球，但他们下半场奋力追赶，竟然踢进了 6 个球。鼠宝贝队一共得了几分？

　　倒霉鼠先在地上画了一条数轴，然后从刻度 2 开始，向后数了 6 格。鼠宝贝队得了 8 分！

8 比 7 多 1，鼠宝贝队赢了！

　　队员们踢球的样子真帅！倒霉鼠也想踢球，可是他肚子圆滚滚的，根本跑不动。谁让他早上吃了 7 根香肠啊。

　　"你没法参加比赛，帮忙拿衣服吧。"捣蛋鼠边说边把自己的外套搭在倒霉鼠身上，勇气鼠也把外套搭在了倒霉鼠身上。接着，大家都把衣服搭到了倒霉鼠身上。

　　倒霉鼠不想当衣架，他想参加比赛，但他早上吃了7根香肠，根本跑不动。

　　倒霉鼠从衣服堆中钻出来，帮大家把外套一件一件叠起来。红色的外套有7件，绿色的有6件，蓝色的有8件，一共有多少件外套呢？

7+6=13
13+8=21

7 + 6 + 8 = 21

倒霉鼠虽然不像懒惰鼠那么懒，但也确实不太勤快。他脑子里想的虽然是两个算式，却在地上只写了一个算式。

　　篮球场边，小青蛙队和大蚂蚁队正要进行篮球比赛。小青蛙队的队长大声对大蚂蚁队的队长说："你们队怎么有6位队员呢？明明规定了每队5位队员参赛！"

　　大蚂蚁队的队长说："你看，我的一边有 3 位队员，另一边有 2 位队员，3 加 2 正好是 5 啊！"

　　小青蛙队的队长一时说不清楚哪儿不对劲。倒霉鼠笑得前仰后合，原来大蚂蚁队的队长忘记加自己了。

　　"嘟——"随着一声哨响，运动会结束了，各项比赛的成绩出来啦！各队获得的金牌数都写在表格中。

3	5	4

鼠宝贝队、小青蛙队、大蚂蚁队各获得了多少枚金牌呢？

　　向运动员颁发完奖品后，白胡子主席送给倒霉鼠一份礼物。

倒霉鼠打开盒子，一下愣住了：7根香肠！
哦！他真的吃不下了……

数一数，加一加

原来，把两个或两个以上的数合成一个数的计算方法就是加法!

请你回顾一下故事里的加法，然后在相应的空格里写上加法算式，并计算出结果。

倒霉鼠先往锅里打了2个鸡蛋，想了想，又加了1个，他一共打了几个鸡蛋呢?

☐ + ☐ = ☐

倒霉鼠左手拿着1根香肠，右手拿着6根香肠，他一共拿着几根香肠呢?

☐ + ☐ = ☐

比赛中，小青蛙队上半场进了4个球，下半场进了3个球，他们一共进了几个球?

☐ + ☐ = ☐

比赛中，鼠宝贝队上半场进了2个球，下半场进了6个球，他们一共进了几个球?

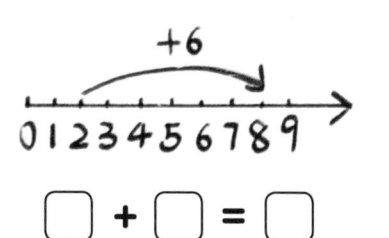

☐ + ☐ = ☐

24